大きな字でわかりやすい Facebook（フェイスブック）超入門

松延健児：著

技術評論社

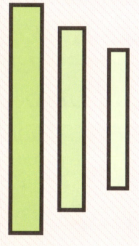

フェイスブックを使うと何が楽しいの？

フェイスブックの世界へようこそ！　この本で使い方を学んでいく前に、みんながフェイスブックを楽しんでいる様子をすこしだけのぞいてみましょう。

楽しいコミュニティに参加できる

フェイスブック（Facebook）は、インターネット上での交流を目的としたサービスのなかで最も大きく、実名での利用を原則としています。このため、疎遠になっていた友達と再会したり、趣味のグループに属して交流したりと、たくさんの知り合いをフェイスブックで見つけることができるのです。

旧友との再会や新たな出会いが生まれる

フェイスブックには、あなたのプロフィール情報や友達関係などから知り合いを探してくれる仕組みがあり、旧友と再会できることもあります。フェイスブックには、同窓会のような「グループ」があり、インターネット上はもちろん、実際に集まって交流も活発に行われています。

また、ここ数年、フェイスブックを活用したシニアのためのコミュニティが増えています。このようなコミュニティに参加して、交流の幅を広げていけることも、フェイスブックの楽しみといえます。

●東京三菱三原会フェイスブックグループ

三菱重工グループOBがフェイスブックのグループで繋がりました。毎月第2土曜に世田谷でフェイスブック勉強会を開催中です。

●NPO法人日本シニアインターネット支援協会（http://jsisa.org/）

杉並区を中心に、シニアの方々にiPadやiPhoneを使って安全にインターネットを楽しむことを目的に活動してます。

●新老人の会 (http://www.shinrojin.com/)

新老人の会を通してフェイスブックで繋がったメンバーが全国から集合しました!!（撮影：長谷部直樹）

104歳現役医師・日野原重明先生が会長を務める、いつまでも「より良く生きる」ことを実践するシニアのための団体です。全国46支部・約10000名の会員さんが元気に活動をされています。

新老人の会 和歌山支部

新老人の会 福岡支部

新老人の会 大分支部

新老人の会 山梨支部

みなさんフェイスブックを活用されていますね!

安心・安全な フェイスブックの使い方 Q&A

Q1 パソコン、iPad……フェイスブックにはどんな端末を使う？

A フェイスブックは、インターネットに接続できるなら、どの端末からでも利用できます。使い慣れたものを利用すると良いでしょう。画面の大きいパソコン派、持ち運びに便利なタブレット派、小さい文字でも大丈夫なスマホ派のほか、在宅時はパソコン、外出時はタブレットと使い分ける方もいます。

Q2 自分の情報を友達以外の人に見られない方法はある？

A フェイスブックでは、情報を公開したい範囲を自分でコントロールできます。プロフィールの各項目や自分の投稿それぞれに「公開」、「友達まで」、「自分のみ（非公開）」といった設定が可能なので、安心してください。

Q3 操作は難しくない？

A フェイスブックの主なやり取りは、文章や写真を投稿することで行います。そのため、メールの操作ができれば難しく思うことはないでしょう。「いいね！」ボタンを押すだけでも自分の意思表示ができるので、まずは気軽に始めてみましょう。

本書の使い方

本書の各セクションでは、手順の番号を追うだけで、フェイスブックの楽しみ方がわかるようになっています。

上から順に読んでいくと、操作ができるようになっています。解説を一切省略していないので、迷うことがありません！

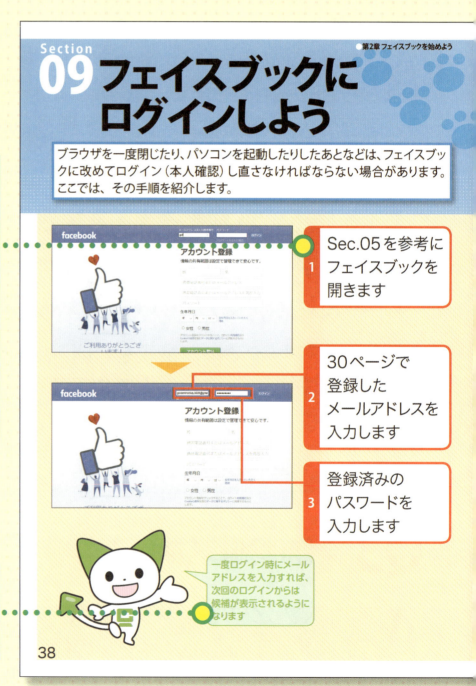

操作の補足説明を示しています

以下のほか、操作の補足や参考情報として、コラム（Column）を掲載しています

操作のヒントも書いてあるからよく読んでね！

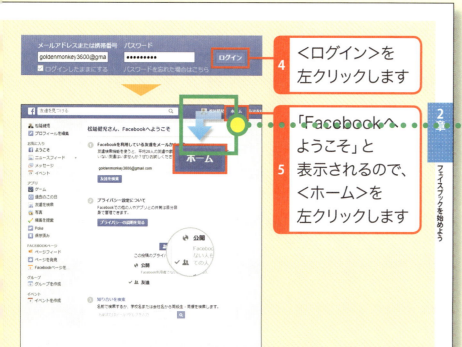

4 ＜ログイン＞を左クリックします

5 「Facebookへようこそ」と表示されるので、＜ホーム＞を左クリックします

小さくて見えにくい部分は、⬅ を使って拡大して表示しています

2章 フェイスブックを始めよう

6 「ニュースフィード画面」が表示されます

手順5の画面にならず、すぐにニュースフィード画面に遷移することもあります

ほとんどのセクションが2ページでスッキリと終わります

おわり

CONTENTS 目次

大きな字でわかりやすい Facebook超入門

フェイスブックで何ができるの？ ……………………… 2
フェイスブックを使うと何が楽しいの？ ……………… 4
安心・安全なフェイスブックの使い方Q&A ………… 7
本書の使い方 …………………………………………… 8

第1章　フェイスブックの楽しみ方を学ぼう　14

Section 01　フェイスブックってなんだろう？ ……… 16
　　　　 02　フェイスブックの楽しみ方を知ろう …… 18
　　　　 03　フェイスブックではこんなこともできる … 20
　　　　 04　フェイスブックを始める準備をしよう … 22

第2章　フェイスブックを始めよう　26

Section 05　フェイスブックを開こう ………………… 28
　　　　 06　フェイスブックに登録しよう …………… 30
　　　　 07　自分の情報を設定しよう ………………… 32
　　　　 08　自分の写真を設定しよう ………………… 34
　　　　 09　フェイスブックにログインしよう ……… 38
　　　　 10　自分のページのカバー写真を設定しよう … 40
　　　　 11　プロフィールについて知ろう …………… 42
　　　　 12　自分のプロフィールを編集しよう ……… 44

　　　　　13 お知らせメールが来るのを止めよう……… 46

第3章　フェイスブックで友達と繋がろう　　48

Section 14 投稿画面について知ろう……………… 50
　　　　　15 自分のタイムライン画面を確認しよう… 52
　　　　　16 フェイスブックの「友達」って何?…… 54
　　　　　17 フェイスブックで友達を探そう………… 56
　　　　　18 友達申請を送ろう………………………… 60
　　　　　19 友達へメッセージを送ろう……………… 62
　　　　　20 友達からの申請にOKを出そう………… 64
　　　　　21 友達からのメッセージを読もう………… 66

第4章　フェイスブックで情報発信を楽しもう　68

Section 22 「いいね!」って何?………………………… 70
　　　　　23 友達の投稿に「いいね!」をしよう…… 72
　　　　　24 友達の投稿にコメントを書き込もう…… 74
　　　　　25 コメントを修正・削除しよう…………… 76
　　　　　26 自分の近況を投稿しよう………………… 78
　　　　　27 投稿を修正・削除しよう………………… 80
　　　　　28 写真・動画付きの投稿をしよう………… 82
　　　　　29 写真をまとめて投稿しよう……………… 84
　　　　　30 自分の投稿した写真を見よう…………… 88
　　　　　31 もらったコメントに返信をしよう……… 90

CONTENTS　目次

第5章　フェイスブックで交流を楽しもう　92

- Section 32　フェイスブックの「グループ」って何?……94
- 33　グループに参加しよう……96
- 34　グループの中で投稿しよう……98
- 35　イベント機能について知ろう……102
- 36　「フェイスブックページ」って何?……106
- 37　フェイスブックページの投稿を閲覧しよう……108

第6章　フェイスブックをもっと活用しよう　110

- Section 38　写真のタグ付け機能を使おう……112
- 39　投稿に一緒にいる友達の情報を加えよう……116
- 40　投稿に位置情報を加えよう……118
- 41　タイムラインで自分史を作ろう……122
- 42　友達と情報を共有しよう……126
- 43　アルバムの写真を並べ替えよう……128

第7章　安心して使える設定をしよう　130

- Section 44　情報の共有範囲について知ろう……132
- 45　自分の投稿の共有範囲を変更しよう……136
- 46　メールアドレスを変更しよう……140
- 47　パスワードを変更しよう……144

| 付録 | スマホ・タブレットで利用しよう | 146 |

付録 01 スマホ・タブレットのブラウザで利用しよう ……… 146
付録 02 フェイスブックアプリを使う準備をしよう ……… 150
付録 03 フェイスブックアプリを利用しよう …………… 154

索引 ……………………………………………………… 158

ご注意：ご購入・ご利用の前に必ずお読みください

- 本書に記載された内容は、情報の提供のみを目的としています。したがって、本書を用いた運用は、必ずお客様自身の責任と判断によって行ってください。これらの情報の運用の結果について、技術評論社および著者はいかなる責任も負いません。
- ソフトウェアに関する記述は、特に断りのない限り、2016年7月現在での最新バージョンをもとにしています。ソフトウェアはバージョンアップされる場合があり、本書での説明とは機能内容や画面図などが異なってしまうこともあり得ます。あらかじめご了承ください。
- 本書の内容については、以下のOSおよびブラウザに基づいて操作の説明を行っています。これ以外のOSおよびブラウザでは、手順や画面が異なります。あらかじめご了承ください。
  Windows 10／8.1／iOS 9／Android 6.0
  Microsoft Edge／Internet Explorer 11
- インターネットの情報については、アドレス（URL）や画面などが変更されている可能性があります。ご注意ください。

以上の注意事項をご承諾いただいた上で、本書をご利用願います。これらの注意事項をお読みいただかずに、お問い合わせいただいても、技術評論社は対応しかねます。あらかじめご承知おきください。

■本書に掲載した会社名、プログラム名、システム名などは、米国およびその他の国における登録商標または商標です。本文中では™マーク、®マークは明記していません。

第1章 フェイスブックの楽しみ方を学ぼう

フェイスブックは、さまざまな人と交流できる、ソーシャル・ネットワーキング・サービス（SNS）のひとつです。この章では、フェイスブックの特徴（16ページ）、フェイスブックの楽しみ方（18ページ）と、フェイスブックを始めるために必要なもの（22ページ）を紹介します。

Section 01	フェイスブックってなんだろう？	16
Section 02	フェイスブックの楽しみ方を知ろう	18
Section 03	フェイスブックではこんなこともできる	20
Section 04	フェイスブックを始める準備をしよう	22

この章でできるようになること

フェイスブックの概要がわかります！ ▶16〜17ページ

まずはフェイスブックとは何か、どんな特徴があるのかを知っておきましょう

楽しみ方がわかります！ ▶18〜21ページ

フェイスブックでどんなことができて、どのように楽しめるのかを紹介します

始めるための準備が整います！ ▶22〜25ページ

フェイスブックを始めるときに必要なものを解説します

Section 01 フェイスブックってなんだろう?

●第1章 フェイスブックの楽しみ方を学ぼう

「フェイスブックって言葉はよく聞くけれど、どんなものかはよくわからない」
そんなあなたは、まずフェイスブックの位置づけや楽しみ方を知っておきましょう。

そもそもフェイスブックってなんだろう?

インターネット上でさまざまな人と交流できる、ソーシャル・ネットワーキング・サービス(SNS)のひとつです。
電話やメールと比べて気軽に、たくさんの人と交流ができるため、アメリカや日本だけでなく、世界中で広まっています。

フェイスブックの特徴

●15億人以上が登録している世界最大のSNSです

日本での利用者は2015年12月現在、2,500万人もいます。

●完全実名制を採用しています

フェイスブックは実名登録制で、偽名やハンドルネームは使えません。

●「友達」と交流できる仕組みがあります

共通の興味・関心について話し合うことのできる「グループ」機能があります。また、自分でイベントを作って参加者を募ったり、友達を検索して繋がることもできます。

●企業・団体も参加できます（フェイスブックページ）

「フェイスブックページ」は実在の企業や団体が作成したページです。ファンクラブページに入って情報を受け取ったり、会員の人たちとコミュニケーションを取ることもできます。

● 第1章 フェイスブックの楽しみ方を学ぼう

Section 02 フェイスブックの楽しみ方を知ろう

フェイスブックでは、自分から情報を発信し、それをもとに友達と交流することができます。公開された場所でのコミュニケーションだけでなく、親しい友人とメッセージをやりとりすることも可能です。

●情報を発信・共有できる

書く内容は、些細なことでも構いません。今の気持ち、近況の報告、感動のつぶやき……など、積極的に発信していきましょう。友達からの反応も、すぐにわかります。

 松延健児
4月7日 12:00

おはようございます。
今日の東京は朝から雨が降っています。
気温は段々と上がって20度前後になるようです！

その日に食べたご飯から、趣味の活動報告まで、どんなことでもOKです！

●たくさんの友達と交流できる

友達の投稿に対して、「いいね!」やコメントで交流を図ることができます。公開の場での情報交換なので、井戸端会議のような感覚ですね。

●メッセージを送ることができる

「メッセージ」は手紙のような情報交換の機能です。メッセージ機能を使えば、友達との約束なども気軽に行うことができます。

おわり

● 第1章 フェイスブックの楽しみ方を学ぼう

Section 03 フェイスブックではこんなこともできる

フェイスブックには、「グループ」や「イベント」など、人と繋がることのできる仕組みが他にも用意されています。フェイスブックの操作に慣れてきたら、ぜひ使ってみましょう。

グループで友達の輪を広げる

フェイスブックの「グループ」は、特定の仲間との情報交換や共有をするためのコミュニティです。サークル、団体、同窓会、趣味の仲間、地域の仲間、仕事の勉強会など、いろいろな目的で使われています。趣味のグループで気の合う仲間と出会ったり、親しい友達のグループで旅行の計画を立てたりと、フェイスブックでの交流の幅や深さを広げるにはもってこいの機能といえます。

イベントを開催して直接集う

「イベント」機能を使えば、フェイスブックの友達と集うためのイベントを手軽に開催できます。参加者の管理や日時、場所の告知なども簡単に行える、とても便利な機能です。

フェイスブックの「イベント」ページで参加を表明すれば、インターネット上だけでなく、直接交流することができます

Section 04 フェイスブックを始める準備をしよう

●第1章 フェイスブックの楽しみ方を学ぼう

インターネットに繋がったパソコンとメールアドレスがあれば、フェイスブックをすぐに始められます。ここではフェイスブックを利用できる機器の紹介と、新しいメールアドレスの取得方法を解説します。

フェイスブックを利用できる機器

フェイスブックは、パソコンや携帯電話、スマートフォンなどさまざまな機器から利用できます。まずはパソコンのブラウザから始めるとよいでしょう。この本でも、パソコンでの利用方法を解説します。

デスクトップ型パソコン / ノート型パソコン / iPad／Androidタブレット / iPhone／Androidスマートフォン

タブレットなどのフェイスブックアプリは便利な反面、OSによって画面操作が異なります

登録にはメールアドレスが必要

フェイスブックに登録するには、メールアドレスが必要です。ここでは、メールアドレスを持っていなかったときのために、Gmailのアドレスを取得する方法を解説します。すでに利用しているメールアドレスがあれば、それを使って登録することもできます。

●Gmailのアドレスを取得する

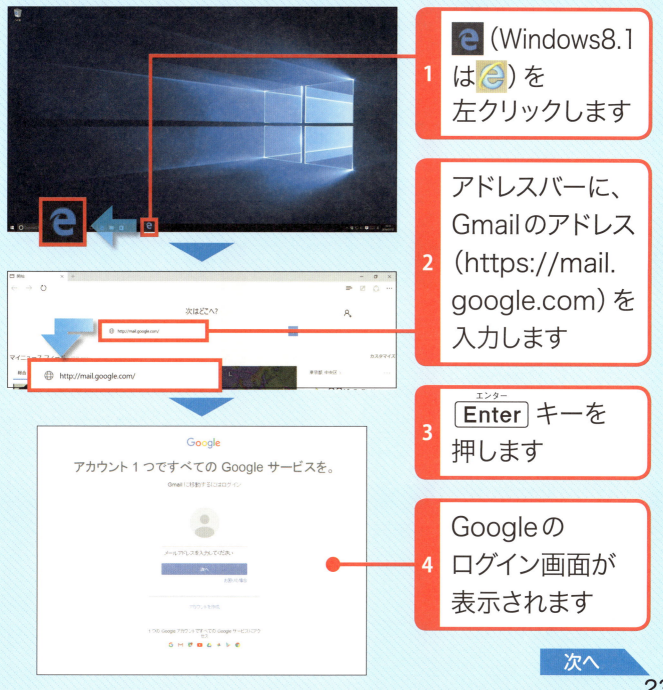

1 　（Windows8.1は　）を左クリックします

2 アドレスバーに、Gmailのアドレス（https://mail.google.com）を入力します

3 Enter キーを押します

4 Googleのログイン画面が表示されます

次へ

5 <アカウントを作成>を左クリックします

6 アカウント作成画面に切り替わりました

7 姓名とユーザー名を入力します

8 パスワードを2回入力し、生年月日を入力します

9 性別を選び、携帯電話番号を入力します

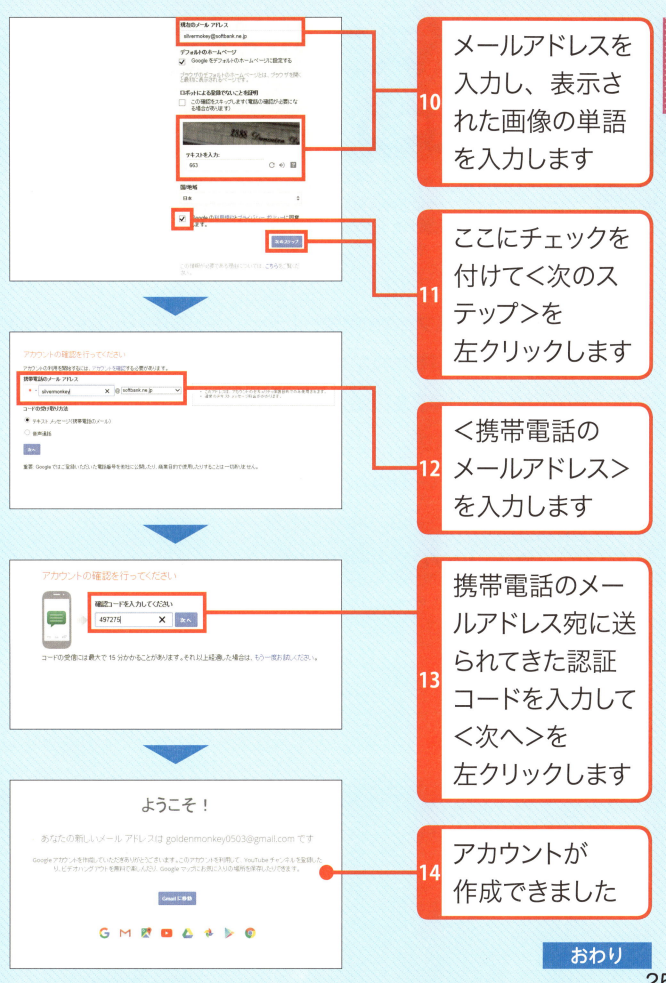

第2章

フェイスブックを始めよう

フェイスブックの楽しみ方がわかったら、いよいよフェイスブックを始めてみましょう。この章ではまず、フェイスブックに登録し (30ページ) ログインする方法 (38ページ) を覚えます。さらに、プロフィールを編集する方法 (44ページ) も学びましょう。

Section 05	フェイスブックを開こう …………………………………… 28
Section 06	フェイスブックに登録しよう ………………………………… 30
Section 07	自分の情報を設定しよう …………………………………… 32
Section 08	自分の写真を設定しよう …………………………………… 34
Section 09	フェイスブックにログインしよう ………………………… 38
Section 10	自分のページのカバー写真を設定しよう …………… 40
Section 11	プロフィールについて知ろう ……………………………… 42
Section 12	自分のプロフィールを編集しよう ………………………… 44
Section 13	お知らせメールが来るのを止めよう ……………………… 46

この章でできるようになること

フェイスブックに登録できます！ ▶28〜37ページ

フェイスブックを開き、登録する方法を解説します。入力例を参考に手順を進めていきましょう

フェイスブックにログインできます！ ▶38〜39ページ

フェイスブックにログイン（本人確認）する方法を学びます。また、カバー写真を設定する方法も知っておきましょう

やっておくべき設定がわかります！ ▶40〜47ページ

フェイスブックを本格的に使い始める前に、自分の情報と、お知らせメールの設定方法を確認しておきましょう

● 第2章 フェイスブックを始めよう

Section 05 フェイスブックを開こう

フェイスブックに登録するために、まずはフェイスブックのウェブページを開く方法を知っておきましょう。なお、以後フェイスブックを利用する際にも、ここで紹介したページにアクセスすることになります。

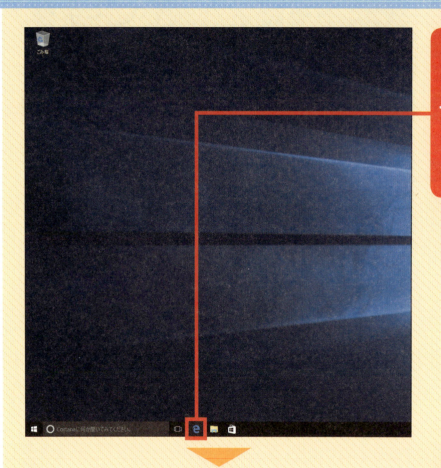

1 デスクトップで  (Windows8.1 は ) を左クリックします

2 Microsoft Edge (もしくは Internet Explorer) が表示されます

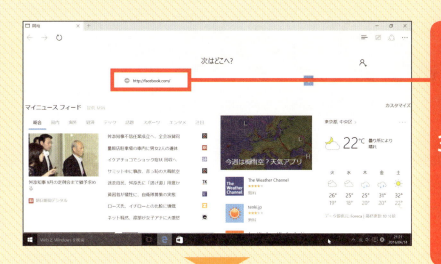

3 アドレスバーにフェイスブックのアドレス (https://facebook.com) を入力します

4 Enter キーを押します

5 フェイスブックのログイン画面が表示されます

6 次ページ以降はこの部分に入力していきます

「お気に入り」に登録しておくと、アドレスを入力する手間が省けて便利です!

おわり

Column フェイスブックのログイン画面

ログインが完了している場合は、直接ニュースフィード画面が表示されることもあります。

Section 06 フェイスブックに登録しよう

●第2章 フェイスブックを始めよう

フェイスブックを利用するためには、「アカウント」と呼ばれる住民票のようなものを登録する必要があります。以下の手順で基本的な情報を入力していきましょう。

基本情報を登録する

1 姓名を入力します

2 メールアドレスを2度入力します

3 パスワードを入力します

4 生年月日、性別を選択します

5 <アカウント登録>を左クリックします

パスワードは、6文字以上で、英数字を混在させたものにしましょう

30

登録を完了する

1 <次へ>を左クリックします

2 「友達を検索」が表示されたら<スキップ>を左クリックします

3 登録が完了しました

4 登録が完了したら<ホーム>を左クリックします

該当する候補が表示されなかった場合は、次ページのコラムを参照してください

おわり

Section 07 自分の情報を設定しよう

自分を知ってもらい、知り合いにアカウントを見つけてもらううえで、プロフィールは大切な情報です。公開範囲の設定は個別の情報ごとに変更可能です。以下の手順で情報を入力しましょう。

職歴や出身大学・高校を入力する

1 ＜プロフィールを編集＞を左クリックします

2 ＜職場を追加＞を左クリックします

3 勤務先を入力します。勤務先の候補が表示されるので、左クリックします

4 ＜変更を保存＞を左クリックします

5 同様に「大学」「高校」も入力・選択します

6 ＜住んだことがある場所＞を左クリックして、同様に入力・選択します

学校や会社の候補が表示されないときは？

33ページ手順3で候補が表示されない場合は、自分で登録することができます。例えば勤務先であれば、会社名を入力した際に、下側に「●●を作成」と会社名が入った言葉が表示されるので、そこを左クリックします。これで会社の登録が完了します。

Section 08 自分の写真を設定しよう

写真を設定し、メールアドレスを確認すれば、アカウントの登録は完了です。同姓同名の人と間違われないようにするためにも、プロフィール写真はぜひとも登録しましょう。

プロフィール写真を設定する

1 <写真を追加>を左クリックします

お気に入りの写真がなければ、ウェブカメラで写真を撮ることもできます

2 <写真をアップロード>を左クリックします

3 プロフィール写真を選択して<開く>を左クリックします

4 写真の下の目盛りを左右にドラッグして、サイズを調整します

5 <保存>を左クリックします

登録を完了する

以上の手順が終わると、登録を完了するためのメールがあなたのアドレスに届きます。Sec.04で登録したGmailを例に、確認の方法を紹介します。

1 Microsoft Edge（もしくはInternet Explorer）を開きます

次へ

2 Gmailのアドレスを入力し[Enter]キーを押します

3 Gmailにログインします

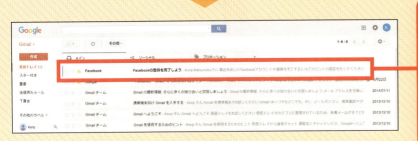

4 「Facebookの登録を完了しよう」というメールを左クリックします

5 ＜アカウントを認証＞を左クリックします

6 ＜アカウントが認証されました＞という画面が表示されたら、＜OK＞を左クリックします

7 Facebookの画面が表示されると登録が完了します

おわり

Column プロフィール写真を変更する

一度登録したプロフィール写真はあとから変更することができます。

1. 40ページを参考にタイムライン画面を開きます

2. プロフィール写真を左クリックし、<写真をアップロード>を左クリックします

3. 写真を選択して<開く>を左クリックします

4. <保存>をクリックすると、プロフィール写真の変更が完了します

Section 09 フェイスブックにログインしよう

ブラウザを一度閉じたり、パソコンを起動したりしたあとなどは、フェイスブックに改めてログイン（本人確認）し直さなければならない場合があります。ここでは、その手順を紹介します。

1 Sec.05を参考にフェイスブックを開きます

2 30ページで登録したメールアドレスを入力します

3 登録済みのパスワードを入力します

一度ログイン時にメールアドレスを入力すれば、次回のログインからは候補が表示されるようになります

4 <ログイン>を左クリックします

5 「Facebookへようこそ」と表示されるので、<ホーム>を左クリックします

6 「ニュースフィード画面」が表示されます

手順5の画面にならず、すぐにニュースフィード画面に遷移することもあります

おわり

2章 フェイスブックを始めよう

Section 10 自分のページのカバー写真を設定しよう

タイムラインは、自分の情報や投稿が一覧できるページです。友達があなたのタイムラインに訪れたとき、まず目につくのはカバー写真です。自分のイメージに合うカバー写真を設定しましょう。

1 ニュースフィード画面で自分の名前を左クリックします

2 タイムライン画面が表示されます

3 ＜カバー写真を追加＞を左クリックします

4 ＜写真をアップロード…＞を左クリックします

タイムライン画面は、友達があなたの情報を見るために訪れるページでもあります

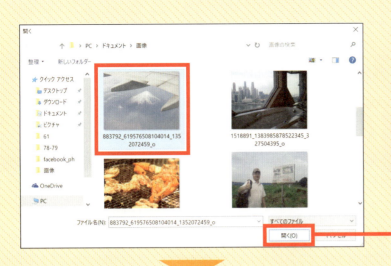

5 写真を選択して
<開く>を
左クリックします

6 写真がカバー
写真として
配置されます

7 <変更を保存>を
左クリックします

8 カバー写真の
設定が
完了します

おわり

Section 11 プロフィールについて知ろう

●第2章 フェイスブックを始めよう

フェイスブックの登録時に入力した情報などを、あなたの「基本データ」として、友達だけでなく世界中の人から見てもらうことができます。ここでは、どんな情報を設定できるのかを知っておきましょう。

フェイスブックで設定できるプロフィール情報

安全のために、住所や電話番号、家族構成などは公開しないことをおすすめします

❶ **職歴**
勤務している会社やこれまでの職歴を登録できます。

❷ **学歴**
小学校〜大学まで、卒業した学校を登録できます。職歴と合わせて、これまでの経歴を登録することで、似た経歴の登録者と繋がりやすくなります。

❸ **住んだことのある場所**
「出身地」と「住んでいる場所」を登録できます。登録できるのは市町村までです。

❹ **交際関係・家族**
「独身」や「既婚」など、交際関係を登録できます。家族構成も登録可能です。

❺ **連絡先情報**
フェイスブックで登録したメールアドレスが表示されています。電話番号など、フェイスブック以外の連絡先も登録できます。

❻ **基本データ**
アカウント登録時に入力した生年月日、性別などが表示されています。宗教や政治観の登録もできます。

おわり

Column 　**自分のプロフィール情報を確認する**

40ページの方法で自分のタイムライン画面を表示し、＜基本データ＞を左クリックすると、ここで紹介しているプロフィール情報の一覧を表示することができます。

Section 12 自分のプロフィールを編集しよう

プロフィール情報が間違っていたり、引っ越して居住地が変わったりした場合などには、以下の手順で情報を編集しましょう。なお、友達のみに公開したい情報は、132ページの方法で共有範囲を設定する必要があります。

1 ニュースフィード画面（39ページ参照）で自分の名前を左クリックします

2 ＜基本データを編集＞を左クリックします

3 ＜住んだことがある場所＞を左クリックします

4 ＜編集＞を左クリックします

5 居住地を入力します

6 ＜変更を保存＞を左クリックすると、変更が反映されます

おわり

Section 13 お知らせメールが来るのを止めよう

初期設定では、自分の投稿にコメントされたときなどに、登録したメールアドレス宛にお知らせが届くようになっています。わずらわしい場合は、以下の方法で設定を解除するとよいでしょう。

1 画面右上の▼を左クリックします

2 <設定>を左クリックします

3 左側の<お知らせ>を左クリックします

4 「Facebookサイト」の＜編集＞を左クリックします

5 オンになっている項目をオフにします

6 手順5の全ての項目について同様にオフにします

おわり

第3章

フェイスブックで友達と繋がろう

フェイスブックの一番の特徴は、「友達」の繋がりをどんどん広げられることです。この章では、はじめにフェイスブックの基本となる画面について学んだ上で、フェイスブックにおける「友達」の概念（54ページ）、友達になるための「申請」の方法（60ページ）を覚えましょう。

Section 14	投稿画面について知ろう	50
Section 15	自分のタイムライン画面を確認しよう	52
Section 16	フェイスブックの「友達」って何？	54
Section 17	フェイスブックで友達を探そう	56
Section 18	友達申請を送ろう	60
Section 19	友達へメッセージを送ろう	62
Section 20	友達からの申請にOKを出そう	64
Section 21	友達からのメッセージを読もう	66

この章でできるようになること

画面の見方がわかります！　▶50〜53ページ

フェイスブックの基本画面である、ニュースフィード画面とタイムライン画面の見方を解説します

フェイスブックで友達を作れます！　▶54〜61ページ

フェイスブック上での「友達」の概念と、「友達」になるための検索、リクエストの方法を学びましょう

メッセージの送受信ができます！　▶62〜67ページ

フェイスブックの友達と交流する方法のひとつである「メッセージ」機能の使い方を覚えましょう

● 第3章 フェイスブックで友達と繋がろう

Section 14 投稿画面について知ろう

ニュースフィード画面には、友達の投稿や行動が新着順に表示されます。フェイスブックで情報を発信し、交流の場とするための最も基本的な画面といってよいでしょう。

❶ホーム
＜ホーム＞を左クリックすると、いつでもニュースフィード画面に戻ることができます。

❷自分の名前
名前やプロフィール写真を左クリックすると、タイムライン画面（Sec.15参照）に移動します。

50

❸お知らせアイコン

友達から「いいね!」を押してもらったことなど、さまざまな情報が通知されます。赤い数字は新着件数を表しています。

❹メッセージアイコン

友達から送られてきたメッセージの一覧を時系列で表示できます。赤い数字は新着件数を表しています。

❺友達リクエストアイコン

あなたに友達申請をした相手を表示できます。赤い数字は新着件数を表しています。

❻投稿欄

あなたの近況を入力して、投稿するためのスペースです。

❼ニュースフィード

あなたや友達の投稿、あなたが「いいね!」しているフェイスブックページの情報などが新着順に表示されます。このスペースを使って「いいね!」やコメントでの交流を楽しみましょう。
友達の名前やプロフィール写真をクリックすると、相手のタイムライン画面に移動できます。

❽お気に入りリスト

＜メッセージ＞や＜写真＞などを左クリックして、該当するページに移動できます。また、あなたが参加しているグループやフェイスブックページがあれば、そのタイトルもここに表示されます。右側に新着件数を表す数字が表示されるので、更新があったことがすぐにわかります。

❾リアルタイムフィード

ニュースフィードに反映されない、友達の細かな行動がリアルタイムに表示されます。

❿誕生日・本日のイベント情報

友達の誕生日やイベント情報が表示されます。

❹のアイコンについては66ページ、❺のアイコンについては64ページで詳しく解説します

おわり

Section 15 自分のタイムライン画面を確認しよう

タイムライン画面には、自分の投稿した情報が新着順に表示されます。タイムライン画面はユーザーごとに存在し、友達のタイムライン画面を表示すれば、その友達の情報のみを新着順で確認できます。

●第3章 フェイスブックで友達と繋がろう

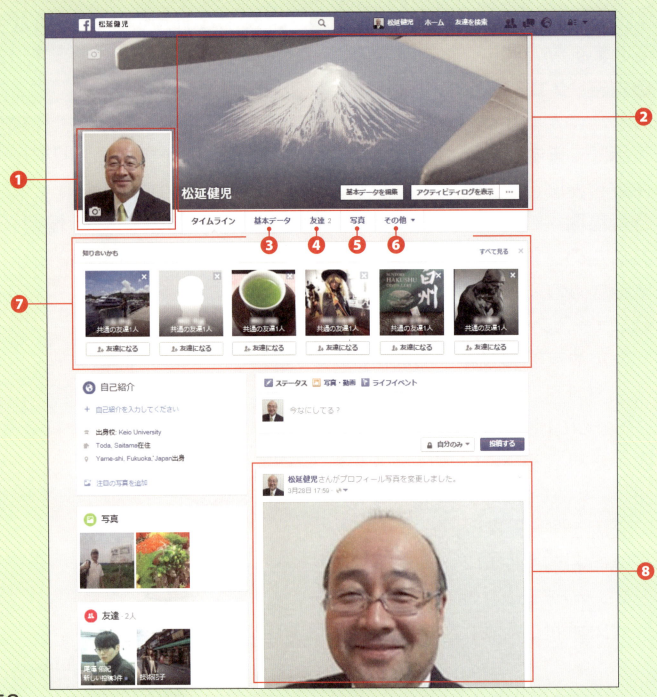

❶ **プロフィール写真**
自分のプロフィール写真が表示されます（34ページ参照）。

❷ **カバー写真**
自分のイメージに合った写真を表示することができます（40ページ参照）。

❸ **基本データ**
左クリックすると、自分のプロフィール情報を表示できます（42ページ参照）。

❹ **友達**
自分の友達一覧を表示できます。

❺ **写真**
自分が投稿した写真や、友達が投稿してあなたをタグ付けした写真を表示できます。

❻ **その他**
自分に関係する情報を項目別に確認することができます。

❼ **「知り合いかも」**
登録している情報（大学名、居住地など）から、フェイスブックが判断して「知り合いではありませんか？」と提案してくれる機能です。

❽ **タイムライン**
自分のこれまでの投稿や写真が新着順にまとまった状態で表示されます。ライフイベントもまとまっているので、自分史として楽しむこともできます。

おわり

 タイムライン画面を表示するには？

ニュースフィード画面左上の自分の名前を左クリックすると、タイムライン画面に切り替わります。同様に友達のタイムライン画面を見たい場合は、ニュースフィードに並んでいる投稿から、友達の名前かプロフィール写真を左クリックします。

Section 16

フェイスブックの「友達」って何?

フェイスブックでの交流は「友達」になることから始まります。まずは、実際の友達とフェイスブック上でも友達になることをおすすめします。ここでは、フェイスブックにおける「友達」とは何かを解説します。

フェイスブックの「友達」とは?

フェイスブックの「友達」は、友達申請し、それを承認した関係のことをいいます。フェイスブックで「友達」になるとお互いの情報をニュースフィード画面で確認できるようになります。「友達」をたくさん作ることが、フェイスブックを楽しむ秘訣です。

離れた友達ともやり取りができるので、疎遠になっている友達と再会できるチャンスです!

友達の友達の関係

フェイスブックで交流していくうちに、「友達の友達」やさらにその友達と繋がっていき、どんどん交流の幅を広げることができます。

おわり

Column　フォローって何？

「フォロー」とは、「友達」になっている人や興味のある人の投稿を自分のニュースフィードで読むことができる仕組みです。有名人や友達の多い人と「友達」になることは難しくても、「フォロー」をすることによって、投稿を読むことができるようになります。

Section 17

フェイスブックで友達を探そう

●第3章 フェイスブックで友達と繋がろう

友達になりたい人がいるなら、検索機能を使って探してみましょう。フェイスブックでは、実際の友達の氏名や出身校、共通の友達などを入力して検索することが可能です。

友達を検索する

1 ＜友達を見つける＞を左クリックします

2 探したい人の名前を入力します

ここでは友達の名前で検索していますが、出身地や共通の友達など、さまざまな情報で検索できます

3 名前の候補が表示されたら左クリックします

4 相手のタイムライン画面が表示されます

次へ

> Column **その他の検索**
>
> この節では、検索ボックスを使った友達の検索方法を紹介しました。同じ欄からフェイスブックグループ（94ページ）やフェイスブックページ（106ページ）も検索することができます。

さまざまな条件で友達を検索する

フェイスブックでは名前以外にも、「出身地」「大学」「高校」「住んだことのある場所」など、プロフィール情報のさまざまな条件を検索することができます。知り合いはもちろん、まだ繋がっていない知り合いを探すこともできます。

1 <友達を検索>を左クリックします

2 検索したい条件が選べます

3 条件に合った知り合い候補の一覧が表示されます

4 「大学」「高校」など検索したい条件を左クリックします

複数の条件を選択して検索することもできます

5 選択するだけでなく、文字を入力することもできます

おわり

Section 18 友達申請を送ろう

●第3章 フェイスブックで友達と繋がろう

フェイスブックに登録している知り合いのタイムラインを開いたら、次は友達申請を送ってみましょう。また、申請が承認された場合の確認方法についても知っておきましょう。

友達リクエストを送る

1. 相手のタイムラインを表示します

2. ＜友達になる＞を左クリックすると、相手に友達申請が送付されます

知り合いとはいえ、突然友達申請が送られるとビックリしてしまいます。申請したあとに、挨拶や近況などのメッセージを必ず送るようにしましょう（62ページ参照）

3. ＜友達リクエスト送信済み＞と表示されます

4 リクエストが承認されると、に新着を表す赤色の数字が表示されるので、左クリックします

5 友達申請が承認されたというお知らせを確認できます

承認のお礼にメッセージを送りましょう

おわり

3章 フェイスブックで友達と繋がろう

Column 友達申請を送る相手

素性のわからない人に友達申請を送るのは、プライバシーなどの観点から危険な場合が多いです。安心してフェイスブックを楽しむためにも、実際の知り合いやフェイスブックで交流したことのある人にのみ、友達申請を送るよう心がけるようにしましょう。

●第3章 フェイスブックで友達と繋がろう

Section 19 友達へメッセージを送ろう

フェイスブックの「メッセージ」は、電子メールと同様に友達や知り合いとやりとりできる機能です。ここでは、友達にメッセージを送る方法を覚えましょう。

友達にメッセージを送る

1. 相手のタイムラインを表示します
2. <メッセージ>を左クリックします
3. 新しいメッセージの入力欄が表示されます
4. メッセージの内容を入力します
5. Enter キーを押します

メッセージにファイルや写真を添付する

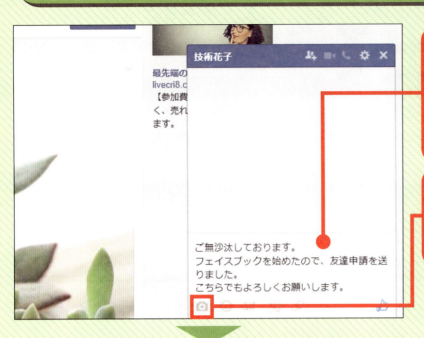

1 左ページを参考にメッセージを入力します

2 📷 を左クリックします

3 写真を選択して＜開く＞を左クリックします

4 添付ファイルや写真が追加されたことを確認します

5 Enterキーを押します

「ファイルを追加」を選ぶと、ワードやエクセルなどのデータをメッセージに添付できます

おわり

Section 20 友達からの申請にOKを出そう

●第3章 フェイスブックで友達と繋がろう

知り合いがあなたに友達申請をしてくれた場合、友達になる「承認」か、拒否をする「保留」を選びます。知り合いではない人からの申請への対応も知っておきましょう。

友達リクエストを承認する

1 友達申請が届くと 👥 に新着を表す赤色の数字が表示されるので、左クリックします

2 知り合いがいたら＜確認＞を左クリックします

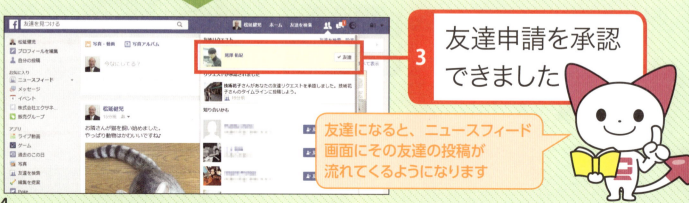

3 友達申請を承認できました

友達になると、ニュースフィード画面にその友達の投稿が流れてくるようになります

知らない人からの友達リクエストを拒否する

1 を左クリックします

2 ＜リクエストを削除＞を左クリックします

知らない人とは友達にならない「自分ルール」を作りましょう

おわり

Column 知らない人から友達申請がきたら？

突然、全く知らない女性などから友達申請が来ることがあります。こういった場合は、偽名と偽プロフィール写真を使った「なりすまし」のアカウントからの申請である可能性が高いです。複数の偽アカウントで計画的に共通の友達になり、あなたのアカウントを乗っ取る……というような事例もありますので、十分に注意しましょう。

●第3章 フェイスブックで友達と繋がろう

Section 21 友達からのメッセージを読もう

友達からメッセージが送られてきたら、画面上部のメッセージアイコンに赤い数字が表示されます。ここでは、メッセージを開封して返信する方法を覚えましょう。

1 メッセージを受信すると、■に新着を表す赤色の数字が表示されます

2 ■を左クリックします

3 開封したい相手の
メッセージを
左クリックします

未開封のメッセージは、背景が青く表示されます

4 メッセージの内容が表示されます

5 返信欄に返信内容を入力します

6 [Enter]キーを押します

おわり

第4章

フェイスブックで情報発信を楽しもう

「いいね！」機能を使って気軽に意思表示できることが、フェイスブックの特徴です。この章では、「いいね！」の意味（70ページ）や使い方（72ページ）を解説します。コメント（74ページ）や自分の近況を投稿する方法（78ページ）なども学びましょう。

Section 22	「いいね！」って何？	70
Section 23	友達の投稿に「いいね！」をしよう	72
Section 24	友達の投稿にコメントを書き込もう	74
Section 25	コメントを修正・削除しよう	76
Section 26	自分の近況を投稿しよう	78
Section 27	投稿を修正・削除しよう	80
Section 28	写真・動画付きの投稿をしよう	82
Section 29	写真をまとめて投稿しよう	84
Section 30	自分の投稿した写真を見よう	88
Section 31	もらったコメントに返信をしよう	90

この章でできるようになること

「いいね!」を使って交流できます! ▶70〜73ページ

「いいね!」機能の意味や使い方を解説します。フェイスブックにおける交流の出発点を覚え、積極的に使いましょう

コメントで交流の幅を広げられます! ▶74〜77ページ

友達の投稿にコメントを書き込む方法を覚えましょう。コメントは友達の友達なども目にするため、交流の幅を広げられます

自分の近況を発信できます! ▶78〜89ページ

他の人へのリアクションだけでなく、自分からも情報を発信する方法を学びましょう

Section 22 「いいね!」って何?

●第4章 フェイスブックで情報発信を楽しもう

「いいね!」は、フェイスブックにおける交流の基本です。「いいね!」の意味を理解して交流を深めましょう。ここでは「いいね!」の意味と種類、この章の基本となる、友達の投稿の見方を解説します。

幅広い意味がある「いいね!」

「いいね!」は英語の「Like」にあたる言葉で、フェイスブック上では主に以下の意味で使われます。クリックひとつでこのような気持ちを伝えられることが、フェイスブックの大きな特徴となっています。

❶共感のいいね!
あなたの投稿に共感しました!

❷挨拶のいいね!
「おはようございます!」
「お世話になってます!」

❸同意のいいね!
あなたの意見に賛成です!

❹確認のいいね!
あなたの投稿をちゃんと見ましたよ!

友達の投稿の見方

まずは、ニュースフィード (Sec.14参照) に並んでいる友達の投稿の見方を覚えておきましょう。

❶ **投稿の内容**
友達や自分が投稿した内容が表示されます。

❷ **いいね!**
ここを左クリックすれば、その投稿に「いいね!」を表明できます。

❸ **コメントする**
投稿内容に対して返事をしたいときは、＜コメントする＞を左クリックします。

❹ **シェアする**
投稿内容を自分の友達にも知ってもらいたいときに、ここを左クリックします。

追加された5つの「いいね！」

2015年に「超いいね!」「悲しいね」など5つの感情を表すリアクション機能が追加されました。自分の感情に近いものを選びましょう。

- **超いいね!** 「いいね!」よりも、さらに共感を伝えたいとき
- **うけるね** おもしろいということを伝えたいとき
- **すごいね** 驚いたことを伝えたいとき
- **悲しいね** 悲報やかわいそうな気持ちを伝えたいとき
- **ひどいね** 度を超していたり、憤りを感じることを伝えたいとき

●第4章 フェイスブックで情報発信を楽しもう

Section 23 友達の投稿に「いいね!」をしよう

「いいね!」の意味を確認しながら、実際に「いいね!」機能を使ってみましょう。ここでは友達の投稿を読み、「いいね!」をするまでの一連の流れを解説します。

1 ニュースフィード画面を開きます

2 友達の投稿を読みます

きれいな植物なので、その気持ちを伝えるために「いいね!」してみましょう

3 投稿内容の下側にある「いいね!」を左クリックします

「いいね!」の上にマウスポインターを置くと、「超いいね!」や「すごいね」などが選べます

4 「いいね!」をした人の名前が表示されます

おわり

4章 フェイスブックで情報発信を楽しもう

Section 24 友達の投稿にコメントを書き込もう

●第4章 フェイスブックで情報発信を楽しもう

友達の投稿には、「いいね!」するだけでなく、具体的なコメントを書き込むこともできます。コメントのやりとりで友達との交流を図りましょう。ここではコメントへの返事の仕方も解説していきます。

友達の投稿にコメントする

1 <コメントする>を左クリックします

2 コメントを入力します

3 入力が終わったら Enter キーを押します

4 コメントが反映されました

友達のコメントに返事をする

1 まず友達からの返事に「いいね！」をしましょう

コメント入力中に Enter キーを押すと入力が終了してしまうので、改行する場合は Shift キーを押しながら Enter キーを押しましょう

2 「返信」をクリックします

3 Enter キーを押すと、コメントが反映されます

おわり

●第4章 フェイスブックで情報発信を楽しもう

Section 25 コメントを修正・削除しよう

慎重にコメントしたつもりでも、あとから間違いを見つけてしまうことはよくあります。ここでは、友達の投稿へのコメントを修正・削除する方法を解説します。

1 修正したいコメントの右上にカーソルを移動します

2 ✎が表示されます

3 ✎を左クリックします

4 ＜編集...＞を左クリックします

5 コメントを追加・修正します

6 Enter キーを押します

7 修正が反映されました

おわり

Column コメントを削除するには？

コメントは、あとから削除することもできます。

1 左ページ手順4で＜削除...＞を左クリックします

2 確認画面で再度＜削除＞を左クリックします

4章 フェイスブックで情報発信を楽しもう

Section 26 自分の近況を投稿しよう

●第4章 フェイスブックで情報発信を楽しもう

交流の仕方がわかったら、次は自分からも情報を発信してみましょう。フェイスブックへの投稿には画像を付けることもできます。メッセージと投稿の違いも学びましょう。

メッセージと投稿の違い

メッセージは特定の人とやりとりするための機能です。一方「投稿」は、自分の友達はもちろん、フェイスブックを利用している全ての人に読んでもらうことができます。

●投稿の見え方

あなたが投稿すると、ニュースフィード画面には下のように表示されます。

近況を投稿する

1 ニュースフィード画面の投稿欄を左クリックします

＜投稿する＞の左側に表示されている＜公開＞を左クリックすると、投稿の共有範囲を設定できます。フェイスブック上の友達のみにその投稿を見せたい場合は、＜友達＞を選択しましょう

2 あなたの近況を入力します

3 ＜投稿する＞を左クリックします

4 投稿が反映されました

おわり

Section 27 投稿を修正・削除しよう

●第4章 フェイスブックで情報発信を楽しもう

友達へのコメントと同様に、自分の投稿も簡単に修正・削除することができます。なお、写真付きの投稿を削除すると、写真そのものも削除されてしまうので注意しましょう。

1 修正したい投稿の右上にカーソルを移動します

2 投稿の右上に ∨ が表示されるので左クリックします

3 ＜投稿を編集＞を左クリックします

4 内容を追加、修正します

5 ＜保存する＞を左クリックします

6 修正が反映されました

おわり

Column 投稿を削除するには？

投稿の削除は自分のどの投稿に対しても行えます。

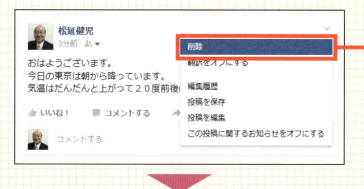

1 左ページ手順3で＜削除＞を左クリックします

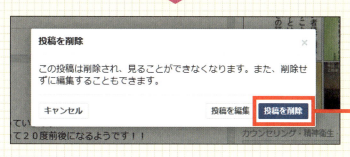

2 「削除してよろしいですか？」と表示されるので、＜投稿を削除＞を左クリックします

画像付きの場合は写真そのものが削除されてしまうので注意してください

3 投稿が削除されました

4章 フェイスブックで情報発信を楽しもう

Section 28

写真・動画付きの投稿をしよう

投稿には、写真と動画を付けることができます。写真や動画を投稿すると、自分が行った場所や体験したことが友達に伝わりやすくなります。写真と一緒に文章でも説明しましょう。

画像付きで投稿する

5 投稿が反映されました

おわり

> **Column** 写真を横向きで投稿してしまったら？

写真の向きは、投稿したあとでも修正可能です。

1 向きを直したい写真を左クリックします

2 <オプション>を左クリックし、回転したい向きを左クリックします

3 右上の✕を左クリックします

Section 29 写真をまとめて投稿しよう

フェイスブックでは、複数枚の写真をまとめて「アルバム」として投稿することもできます。旅行やイベントの写真などを友達に見せたいときには、この機能を活用するとよいでしょう。

●第4章 フェイスブックで情報発信を楽しもう

1 ニュースフィード画面左側の<写真>を左クリックします

2 「写真」画面に切り替わりました

「写真」画面からは、自分のプロフィール写真や投稿に添付した写真を見ることができます

3 <アルバム>を左クリックします

アルバムの写真はあとから並べ替えることもできます

4 <アルバムを作成>を左クリックします

5 投稿したい写真を選択し、<開く>を左クリックします

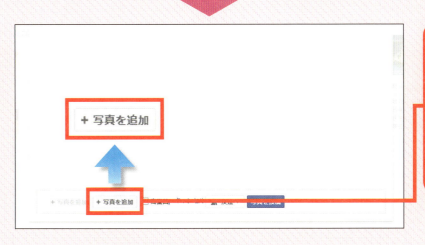

6 さらに写真を追加したい場合は<写真を追加>を左クリックします

次へ

7 写真を何枚か追加したら、アルバムのタイトルや説明を入力します

8 <日付を追加>を左クリックして日付を選択し、<保存する>を左クリックします

複数枚の写真をまとめて投稿すれば、友達に見てもらいやすくなります

9 入力が終了したら<写真を投稿>を左クリックします

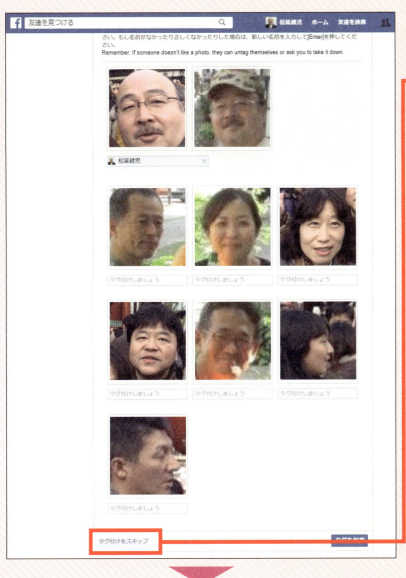

10 ＜タグ付けを
スキップ＞を
左クリックします

この画面では、写真への
タグ付け（112ページ）を
行うことができます

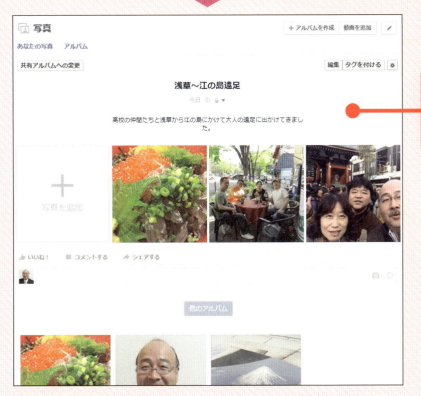

11 アルバムの投稿が
完了しました

おわり

Section 30 自分の投稿した写真を見よう

●第4章 フェイスブックで情報発信を楽しもう

自分の投稿した写真は、「写真」から全て確認できます。自分でアップした写真だけではなく、あなたがタグ付けされた写真もここから見ることが可能です。アップの方法で4種類に分類されるので、見方を学びましょう。

1 ニュースフィード画面左側の<写真>を左クリックします

2 「写真」画面に切り替わりました

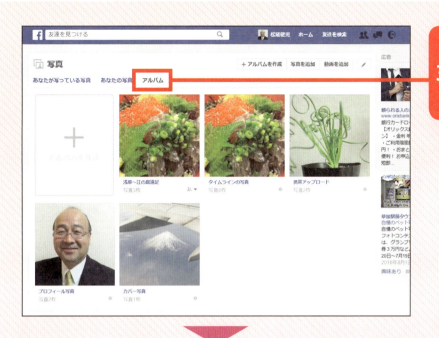

3 <アルバム>を左クリックします

4 アルバムの一覧が表示されるので、見たいアルバムを左クリックします

5 アルバム内の写真を閲覧できます

おわり

4章 フェイスブックで情報発信を楽しもう

Section 31 もらったコメントに返信をしよう

もらったコメントに返信することで、フェイスブック上の交流を活発にすることができます。投稿のコメントにこまめに返信すると、フェイスブックの楽しさも倍増するでしょう。

●第4章 フェイスブックで情報発信を楽しもう

コメントを表示して返信する

1 投稿にコメントが付くと、🌐に新着を表す赤丸の数字が表示されるので、左クリックします

2 ＜〇〇さんが〜コメントしました＞をクリックします

3 投稿とコメントが表示されます

4 ＜返信＞をクリックします

5 ここに返信コメントを入力します

6 Enter キーを押します

7 コメントが反映されました

おわり

第5章

フェイスブックで交流を楽しもう

グループやフェイスブックページに参加すれば、交流の幅がさらに広がります。この章では、フェイスブックのグループを楽しむ方法（94ページ）、フェイスブックページの自動受信方法（108ページ）、フェイスブックでのイベントに参加する方法（102ページ）を学びましょう。

Section 32	フェイスブックの「グループ」って何？	94
Section 33	グループに参加しよう	96
Section 34	グループの中で投稿しよう	98
Section 35	イベント機能について知ろう	102
Section 36	「フェイスブックページ」って何？	106
Section 37	フェイスブックページの投稿を閲覧しよう	108

この章でできるようになること

グループで交流できます！ ▶94〜101ページ

フェイスブックの「グループ」機能について、事例とともに解説します。参加する手順も知っておきましょう

フェイスブックページが楽しめます！ ▶106〜109ページ

フェイスブックページとは何かや、「いいね!」をしたフェイスブックページの最新投稿を閲覧する方法も解説します

イベントに参加できます！ ▶102〜105ページ

フェイスブックの友達と集まるのに便利な「イベント」機能を活用する方法を紹介します

Section 32 フェイスブックの「グループ」って何？

●第5章 フェイスブックで交流を楽しもう

フェイスブックの楽しみ方は、近況を投稿して友達と交流するだけに留まりません。同窓会、サークル、同じ趣味の仲間などのグループに参加すれば、楽しい出会いと交流が生まれます。

フェイスブックの「グループ」とは？

フェイスブックの「グループ」は、特定の仲間と情報交換・共有するためのコミュニティです（20ページ参照）。

グループに参加するには、グループ管理者の参加承認が必要です。グループの種類には、「公開（誰でも閲覧できる）」「非公開（グループのメンバーだけが閲覧できる）」などがありますので、参加する前に確認するとよいでしょう。

グループの事例

●同窓会グループ

出身校の同級生で集まることができます。

●地域のグループ

同じ地域に住んでいる人と交流できます。

●趣味のグループ

同じ趣味を持つ、さまざまな人と交流できます。

Section 33 グループに参加しよう

フェイスブックのグループに参加しましょう。参加するためには、グループに参加リクエストを送信する必要があります。また、参加が承認されたら、グループに自己紹介の投稿をしましょう。

グループに参加する

1 検索ボックスにグループ名を入力します

2 該当するグループを左クリックします

3 グループのページが表示されます

4 参加条件を読み、自分に参加資格があるか確認しましょう

5 ＜グループに参加＞を左クリックします

6 グループ管理者が参加承認するのを待ちます

7 参加承認されると、「参加リクエストが承認されました」とお知らせが届きます

8 グループ内の投稿を読みながらまずは自己紹介をするとよいでしょう

おわり

Section 34 グループの中で投稿しよう

●第5章 フェイスブックで交流を楽しもう

フェイスブックのグループは、同じ趣味や共通の属性を持つ仲間が交流を楽しむ場所です。フェイスブックの「友達」だけではない、多種多様なメンバーとコミュニケーションができます。

参加しているグループに移動する

1. ニュースフィード画面（39ページ参照）で＜グループ＞にマウスポインターを移動し、左クリックします

2. 参加しているグループの一覧が表示されます

3. 確認したいグループの名前を左クリックします

グループで交流を楽しむ

1 まずはグループの会話の流れを読んでみましょう

2 その流れに乗って投稿を入力します

まるで井戸端会議のような交流ですね

3 ＜投稿する＞を左クリックすると自分の投稿が反映されます

次へ

参加しているグループに移動する

1. グループの気になる投稿は、コメントが付くと通知されるように設定できます

2. ここを左クリックします

3. <この投稿のお知らせをオンにする>を左クリックします

4. 投稿にコメントをした人がいると、通知されます

5. 通知を左クリックすると、投稿が表示されます

アンケートを作成する

1. グループの人に聞いてみたいことはアンケートを作成しましょう
2. ＜アンケート＞を左クリックします
3. 質問内容を入力します
4. ＜投票オプションを追加＞を左クリックします
5. アンケートの回答を入力します
6. ＜投稿する＞を左クリックします
7. アンケートが表示されます

おわり

Section 35 イベント機能について知ろう

●第5章 フェイスブックで交流を楽しもう

フェイスブックの「イベント」は、友達と集まってお花見や食事会などを開催したいときに便利な機能です。ここでは、自分が招待されたイベントに参加する方法を紹介します。

招待されたイベントに参加する

1 🌐に新着を表す赤色の数字が表示されるので、左クリックします

2 イベントに招待されていることがわかります。イベント名を左クリックします

102

3 イベントページに切り替わります

4 イベント概要を確認したうえで<参加予定>を左クリックします

5 「参加予定」となり、自分のプロフィール写真も表示されます

イベント開始前に、「お知らせ」で開催を案内してくれます。日程、場所は手帳にメモしておきましょう

5章 フェイスブックで交流を楽しもう

次へ

イベントページの見方

イベントページは、イベントの場所や内容だけでなく、他の参加者の確認や自分の参加予定の表明ができる便利なページです。また、投稿を使ってやりとりすることも可能なため、日程調整などにも役立ちます。

❶イベント名
イベントの名前です。イベント作成者が命名します。

❷参加予定
いずれかを左クリックして参加の可否を表明します。

❸イベント概要
そのイベントの内容、開催日時、場所などが表示されます。

❹参加予定者／招待者
イベントに招待された人や、参加予定の人がプロフィール写真とともに表示されます。

おわり

Column イベントの一覧を表示する

招待されたり、参加を表明していたりするイベントは、以下の方法で表示できます。

1. ニュースフィード画面左側の＜イベント＞を左クリックします

2. イベントの一覧が表示されます。＜カレンダー＞を左クリックします

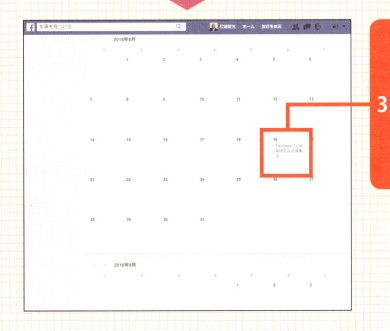

3. 参加予定のイベントがカレンダーに表示されます

5章 フェイスブックで交流を楽しもう

Section 36 「フェイスブックページ」って何?

●第5章 フェイスブックで交流を楽しもう

「フェイスブックページ」は、会社やお店などが、ファンや仲間との交流のためにフェイスブックに公開しているページです。ここでは、フェイスブックページがどういうものかと、その事例を紹介します。

フェイスブックページとは?

フェイスブックでは、企業やさまざまな団体・お店や著名人などの専用ページが「フェイスブックページ」として公開されています。フェイスブックページに対して「いいね!」をするだけで自動で受信ができ、あなたのニュースフィードにそのページの最新情報が流れてくるようになる、とても便利な機能です。

フェイスブックページの事例

●趣味のフェイスブックページ

趣味に関係するさまざまな情報を得ることができます。

●飲食レストランのフェイスブックページ

好きなお店の最新情報を知ることができます。

●メディアのフェイスブックページ

特定のメディアからの情報を知りたいときに便利です。

●第5章 フェイスブックで交流を楽しもう

Section 37 フェイスブックページの投稿を閲覧しよう

フェイスブックページは「いいね!」をして、ニュースフィード画面に投稿が表示されるようにすると、新しい投稿を見逃すことが少なくなり便利です。「基本データ」を見ると、そのページの特徴がわかります。

フェイスブックページを探す

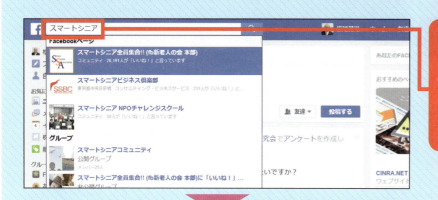

1 検索ボックスにページ名を入力します

2 該当するページを左クリックします

フェイスブックページに友達承認はありません。一方的に投稿を閲覧する(フォローする)関係になります

3 フェイスブックページが表示されます

フェイスブックページを閲覧しよう

1. ページの趣旨や概要を確認するために＜基本データ＞を左クリックします

2. ＜いいね！＞を左クリックします

3. ＜いいね！＞をしたフェイスブックページの情報が自分のニュースフィードで確認できるようになります

おわり

第6章 フェイスブックをもっと活用しよう

フェイスブックの基本的な楽しみ方が身についたら、次は少し応用的な活用方法にも挑戦してみましょう。この章では、タグ付け機能（112ページ）やスポット機能（118ページ）を解説し、フェイスブックで自分史を作る方法（122ページ）も紹介します。

Section 38	写真のタグ付け機能を使おう 112
Section 39	投稿に一緒にいる友達の情報を加えよう 116
Section 40	投稿に位置情報を加えよう 118
Section 41	タイムラインで自分史を作ろう 122
Section 42	友達と情報を共有しよう 126
Section 43	アルバムの写真を並べ替えよう 128

この章でできるようになること

タグ付けの方法がわかります！　▶112〜115ページ

写真や投稿に「タグ付け」して、誰が写っているか、誰への言及かを示す方法を学びます

スポット機能が使えます！　▶118〜121ページ

スポット機能を使って、投稿した写真の場所を示す方法を覚えましょう

自分史の作り方がわかります！　▶122〜125ページ

フェイスブックをうまく活用すれば、人生のできごとをまとめた自分史を作ることも可能です

● 第6章 フェイスブックをもっと活用しよう

Section 38 写真のタグ付け機能を使おう

「タグ付け」機能を使えば、投稿した写真に写っていたり、投稿のなかで触れた友達のフェイスブックページに移動することができます。ここでは「タグ付け」をしたらどうなるかを覚え、実際に写真にタグ付けをしてみましょう。

タグ付け機能とは？

写真や投稿にタグを付けることで、タグ付けした相手に「○○さんがあなたと一緒の写真を追加しました」といった通知が届き、あなたの投稿があったことを自動で知らせることができます。

また、タグ付けした投稿や写真のなかに相手の名前が表示されるようになり、左クリックひとつで直接その人のタイムラインへ移動できるようになります。

112

写真にタグ付けする

1. 投稿した写真を左クリックします

2. ＜写真にタグ付け＞を左クリックします

3. タグを付けたい友達の顔の部分をマウスポインターで左クリックします

4. 入力欄が表示されるので友達の名前を入力し候補から該当する人を選びます

5. タグ付けが完了しました

次へ

「タグ付け」された写真を解除する

友達があなたの写っている写真にタグ付け（112ページ参照）をすることがあります。このとき、「あなたがタグ付けされました」というお知らせが届きます。

公開されてもよい写真であればそのままで構いませんが、参加したことを隠したいときなどには、タグ付けを削除することができます。

1 ニュースフィード画面左側の＜写真＞を左クリックします

2 タグ付けを削除したい写真の右上にカーソルを移動し、🖉 を左クリックします

3 <タグを削除>を左クリックします

4 「タグを削除」と表示されるので、<OK>を左クリックします

おわり

Column グループを退会する

一度参加したグループは、好きなときに退会することができます。グループのページ内<参加済み>にマウスポインターを置いて、<グループを退会>をクリックします。

● 第6章 フェイスブックをもっと活用しよう

Section 39 投稿に一緒にいる友達の情報を加えよう

自分の近況についての投稿や、友達の投稿へのコメントの文中でもタグ付け機能を使うことができます。タグ付けをした相手にお知らせが届くため、投稿の見落としがなくなるなどのメリットがあります。

1 ニュースフィード画面の投稿欄を左クリックします

2 「@」に続けてタグを付けたい友達の名前を入力します

3 下部に表示される候補から友達の名前を左クリックします

4 投稿内容を入力し、<投稿する>を左クリックします

5 文中にタグを付けて投稿できました

おわり

Column タグ付けのマナーを知っておこう

写真や投稿にタグ付けをすると、投稿内にその友達の名前が表示されるようになるほか、その友達のタイムライン画面などでタグ付けされたという情報を見られるようにもなります。
勝手に自分の情報が表示されてしまうことに抵抗を感じる場合もあるため、友達のタグを付ける際は、事前にタグ付けをしてもいいかどうかを尋ねておくとよいでしょう。

Section 40 投稿に位置情報を加えよう

●第6章 フェイスブックをもっと活用しよう

スポット機能は、飲食店や遊園地など、自分がどこにいるかをみんなに知らせる機能です。スポット機能を使えば、お気に入りのお店を紹介したり、同じ場所にいる人と交流することもできます。

スポット機能とは？

スポット機能は、自分が今いる場所や写真を撮影した場所を友達に知らせることができる機能です。旅行から帰ったあとに、写真とともに観光地の情報を紹介することはもちろん、スマートフォンなどでフェイスブックを利用している場合は、その時々であなたの現在地を報告するといった使い方も可能です。

スポット機能を使う

1 ニュースフィード画面の投稿欄を左クリックします

2 投稿欄に文章を入力し、＜写真・動画＞を左クリックします

3 写真を選択して、＜開く＞を左クリックします

次へ

6章 フェイスブックをもっと活用しよう

119

4 ◎を左クリックします

5 場所の名前を入力します

6 下に場所の候補が表示されるので、該当する場所を左クリックします

7 <投稿する>を左クリックします

おわり

スポット情報とGPS

フェイスブックとGPS機能付き端末を連動させると、スポット情報一覧が表示され、チェックインが簡単にできます。ここでは一例として、スマートフォンのフェイスブックアプリの操作方法を紹介します。

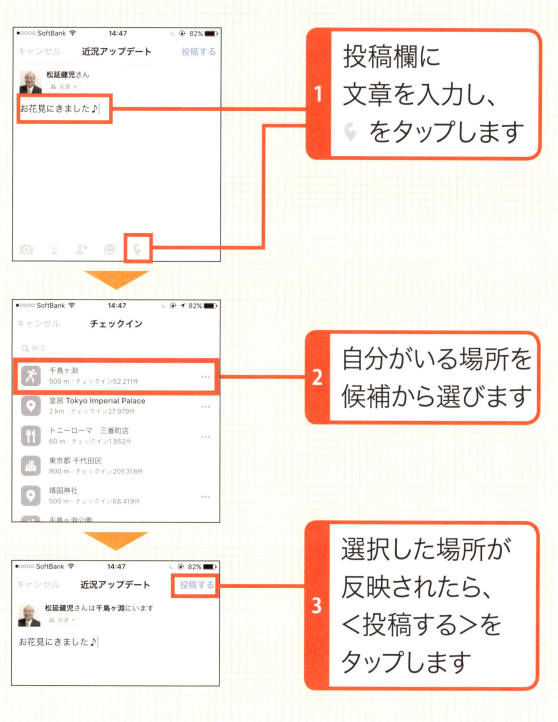

1 投稿欄に文章を入力し、 をタップします

2 自分がいる場所を候補から選びます

3 選択した場所が反映されたら、＜投稿する＞をタップします

Section 41 タイムラインで自分史を作ろう

●第6章 フェイスブックをもっと活用しよう

フェイスブックの「ライフイベント」機能を利用すると、過去の出来事をさかのぼって投稿することができます。引っ越しや結婚など、さまざまなイベントを投稿して、あなたの「自分史」を作ってみましょう。

フェイスブックに自分が生まれた日を記録する

1 自分のタイムライン画面を表示し、＜ライフイベント＞を左クリックします

2 ＜家庭と日常生活＞を左クリックします

3 ＜自分のイベントを作成...＞を左クリックします

自分史を見る

1. タイムライン画面を表示し、プロフィール写真が見えなくなるまで下にスクロールしたら＜最近＞を左クリックします

2. 細かい年代が表示されるので、さらに左クリックします

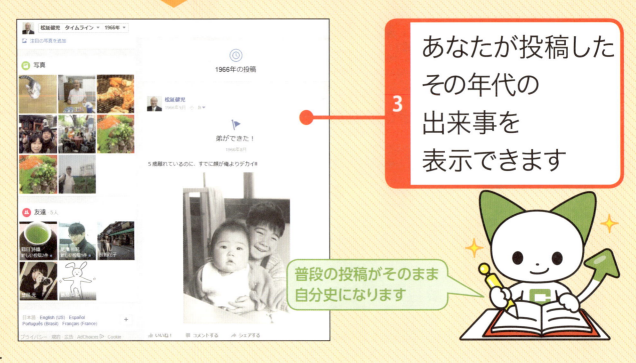

3. あなたが投稿したその年代の出来事を表示できます

普段の投稿がそのまま自分史になります

どんなイベントを投稿すればいいの？

家族の誕生や旅行、趣味のイベントへの参加といった思い出を投稿して、人生の記録を友達に見てもらいましょう。

津久見の海岸
日時: 1964年　場所: 大分県 津久見市

全く記憶にございませんが、岩場で兄弟仲良く遊んでいたようです。

 いいね！　コメントする　シェアする

 21人

伯父さんとドライブ
1966年

5歳くらいかな？
とにかく自動車が好きだった。三菱の・・・なんだっけな？
ミニカーのコレクターも。

いいね！　コメントする　シェアする

長崎旅行
1982年1月5日

確かグラバー亭あたりかな？　長崎観光は楽しかった！！
大学2年の冬休みのこと。

いいね！　コメントする　シェアする

KARAOKE
1991年12月

確か札幌ススキののスナックかな？
曲は「ワインレッド・・・」と思う。

いいね！　コメントする　シェアする

おわり

● 第6章 フェイスブックをもっと活用しよう

Section 42 友達と情報を共有しよう

フェイスブックで情報を共有することを「シェア」といいます。ここでは、友達の投稿を自分のタイムラインに表示させて他の友達に紹介したり、ウェブページの情報を友達と共有したりする方法を解説します。

友達の投稿をシェアする

1 ニュースフィード画面の友達の投稿で＜シェアする＞を左クリックし、＜シェア ...＞を左クリックします

2 コメントを入力します

3 ＜投稿＞を左クリックします

4 友達の投稿がシェアされ、自分のタイムラインに表示されました

ウェブページをシェアする

1 シェアしたいウェブページのアドレスをコピーします

2 ウェブページの説明を入力し、アドレスを貼り付けます

3 ＜投稿する＞を左クリックします

アドレスを貼り付けると、投稿の下にウェブページの概要が表示されます。コピーはアドレスを右クリックしてメニューから＜コピー＞を、貼り付けは投稿欄を右クリックしてメニューから＜貼り付け＞を左クリックします

4 投稿が反映されました

おわり

Section 43 アルバムの写真を並べ替えよう

●第6章 フェイスブックをもっと活用しよう

一度作成したアルバムは、編集や削除ができる以外に、あとから写真の順番を入れ替えることができます。ここでは、写真の並べ替え方法を解説します。

1 ニュースフィード画面の＜写真＞を左クリックします

2 ＜アルバム＞を左クリックします

3 写真を並べ替えたいアルバムを左クリックします

4 <編集>を左クリックします

5 並べ替えたい写真の上にマウスポインターを置きます

6 写真をドラッグして、並べ替えたい場所に移動します

7 <完了>を左クリックすると、写真の並べ替えが完了します

おわり

第7章 安心して使える設定をしよう

フェイスブックの初期設定では、どんな人からでも自分の情報を見られるようになっています。この章では、共有範囲設定（132ページ）、プライバシー設定の変更方法（136ページ）、パスワードの変更方法（144ページ）を知り、安心してフェイスブックを楽しみましょう。

Section 44	情報の共有範囲について知ろう	132
Section 45	自分の投稿の共有範囲を変更しよう	136
Section 46	メールアドレスを変更しよう	140
Section 47	パスワードを変更しよう	144

この章でできるようになること

共有範囲の設定がわかります！ ▶132〜135ページ

どんな関係の人になら自分の情報を見せてもよいのかについて、おすすめの設定を紹介します

投稿の共有範囲を設定できます！ ▶136〜139ページ

自分の投稿の共有範囲や、友達がタグを付けた投稿についての設定を行います

アカウントの設定を変更します ▶140〜145ページ

メールアドレスやパスワードを変更する方法についても知っておきましょう

Section 44 情報の共有範囲について知ろう

●第7章 安心して使える設定をしよう

前の節で紹介したプロフィール情報は、初期設定では世界中の人から自由に閲覧できる状態になっています。他人に知らせたくない、または友達のみに知らせたい情報については、共有範囲を制限することができます。

フェイスブックで設定できる共有範囲

公開　インターネット上の誰からでも閲覧できる状態です。

友達　自分がフェイスブック上で繋がっている友達のみ閲覧できる状態です。

友達の友達　自分の「友達」だけでなく、その友達からもあなたの情報を閲覧できる状態です。

カスタム　自分でリストを作って共有範囲を制限できます。

自分のみ　自分だけ閲覧でき、他の誰からも見ることができない状態です。

親しい友達　中級者以上が使用する分類方法です。
「友達」になっている人のうち、「親しい友達」として設定した人にのみ公開します。

おすすめの共有範囲

フェイスブックを始めたばかりなら、プロフィール情報の共有範囲を以下のように設定することをおすすめします。フェイスブックの操作に慣れてきてから、徐々に設定を緩めていくとよいでしょう。

※入力が必須の項目

項目	おすすめの設定
職歴	友達まで
学歴	公開
交友関係・家族	記入しない
住んでいる場所	友達まで
出身地	友達まで
生年月日・性別※	公開
電話番号	記入しない
メールアドレス※	自分のみ

出身高校や大学を公開して、旧友に見つけてもらいやすくしましょう!

住んでいる場所と出身地の共有範囲を変更する

1 ニュースフィード画面で＜プロフィールを編集＞を左クリックします

2 ＜住んだことがある場所＞を左クリックします

3 ＜編集＞を左クリックします

4 を左クリックし、＜友達＞を左クリックします

5 <変更を保存>を左クリックします

6 出身地も同様に<編集>を左クリックします

7 🌐を左クリックし、<友達>を左クリックします

8 <変更を保存>を左クリックします

おわり

Section 45 自分の投稿の共有範囲を変更しよう

●第7章 安心して使える設定をしよう

フェイスブックの投稿は、内容に合わせて共有範囲を変更することをおすすめします。ここでは、自分の投稿の共有範囲を変更し、友達が自分のタグを付けた場合の動作を設定してみましょう。

今後の投稿の共有範囲を設定する

1 ▼を左クリックします

2 <設定>を左クリックします

3 <プライバシー>を左クリックします

「今後の投稿の共有範囲」の<編集>を左クリックします

<公開>を左クリックし、<友達>を左クリックします

<閉じる>を左クリックします

これで投稿の共有範囲の初期設定が「友達」になります。個々の投稿の共有範囲を設定する方法については、134ページを参照してください

次へ

タグ付け設定を変更する

1 136ページの手順3の画面で＜タイムラインとタグ付け＞を左クリックします

2 「友達があなたをタグ付けした投稿をタイムラインに表示する前に確認しますか?」の＜編集＞を左クリックします

3 「オン」に設定を変更します

4 ＜閉じる＞を左クリックします

5 タグ付け設定が完了しました

おわり

タグ付け設定とは？

112ページでも解説した通り、友達からタグ付けされると、その投稿が自動的に自分のタイムラインにも表示されます。ここで紹介したタグ付け設定を行うことで、自分がタグ付けされた投稿のうち問題ないものだけを承認して表示できるようになります。

自分がタグ付けされた投稿の承認は以下の方法で行います。

1 自分がタグ付けされると、 に新着を示す赤丸の数字が表示されます

2 ＜あなたが写っている写真を追加しました＞を左クリックします

3 ＜タイムラインに追加＞を左クリックします

●第7章 安心して使える設定をしよう

Section 46 メールアドレスを変更しよう

フェイスブックに登録したメールアドレスは、いつでも変更することが可能です。フェイスブックからのお知らせを別のメールアドレスで受信したい場合などに設定するとよいでしょう。

1 ▼を左クリックします

2 <設定>を左クリックします

3 「連絡先」の<編集>を左クリックします

4 「別のメールアドレスまたは携帯電話番号を追加」を左クリックします

5 「新しいメール」を入力します

6 ＜追加＞を左クリックします

7 「別のメールを送信」が表示されるので、＜閉じる＞を左クリックします

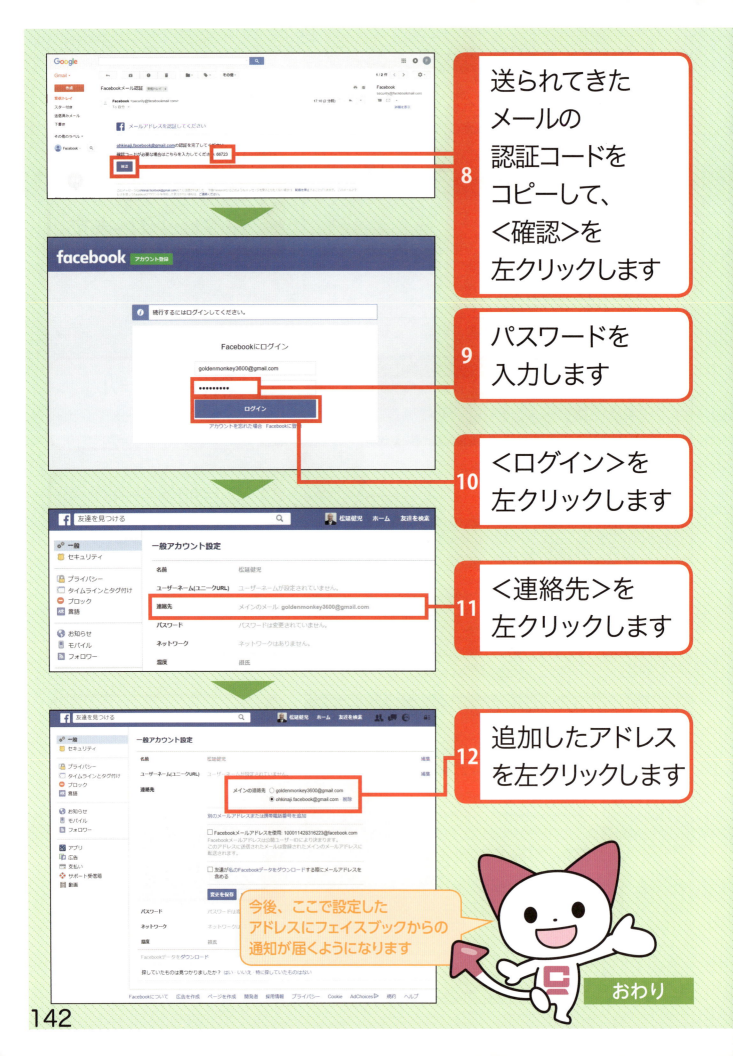

Column 特定の人に投稿を見せたくない場合は？

友達が増えてくると、特定の人に知られずに投稿したいという場合も出てくるでしょう。「カスタムプライバシー設定」を利用すると、指定した相手のニュースフィードに投稿が表示されないよう設定できます。

1 投稿の🚹を左クリックし、＜カスタム＞を左クリックします

2 投稿を表示させたくない相手の名前を入力し、候補から選びます

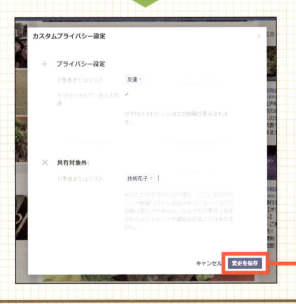

3 ＜変更を保存＞を左クリックします

Section 47 パスワードを変更しよう

●第7章 安心して使える設定をしよう

パスワードの決定の際には「他のサービスと共通にしない」「推測されやすいものにしない」といった注意が必要です。安全度の低いパスワードを設定してしまった場合などは、以下の手順で変更するとよいでしょう。

パスワードを変更する

1 ▼を左クリックします

2 <設定>を左クリックします

3 パスワードの<編集>を左クリックします

前回パスワードを変更してからの期間が表示されています。パスワードは忘れないようにしましょう

4 使用中のパスワードを入力します

5 新しいパスワードを2回入力します

6 <変更を保存>を左クリックします

> パスワードを6文字未満にすると「パスワードが短すぎます」と表示されてしまいます。安全のためにも、十分長いパスワードを設定しましょう

おわり

Column どんなパスワードが適切なの？

パスワードを決める際には、以下に注意しましょう。
- 他のサービスと共通のものにしない
- 6文字以上の十分な長さにする
- 生年月日や電話番号、住所などの推測されやすい数字を使わない
- 自分の名前をローマ字表記したものを使わない
- 大文字と小文字、数字を複雑に組み合わせる

付録 01

●付録 スマホ・タブレットで利用しよう

スマホ・タブレットのブラウザで利用しよう

フェイスブックは、インターネットに接続されているどの端末のブラウザからでも、アクセスすることができます。ここでは、パソコンで登録したアカウントを使ってスマートフォンからアクセスする方法を解説します。

ブラウザでフェイスブックを表示する

1 ここでは、iPhoneでの利用方法を解説します。ホーム画面から<Safari>をタップします

2 画面上部のアドレスバーをタップします

3 フェイスブックのアドレス（https://facebook.com）を入力し、<開く>をタップします

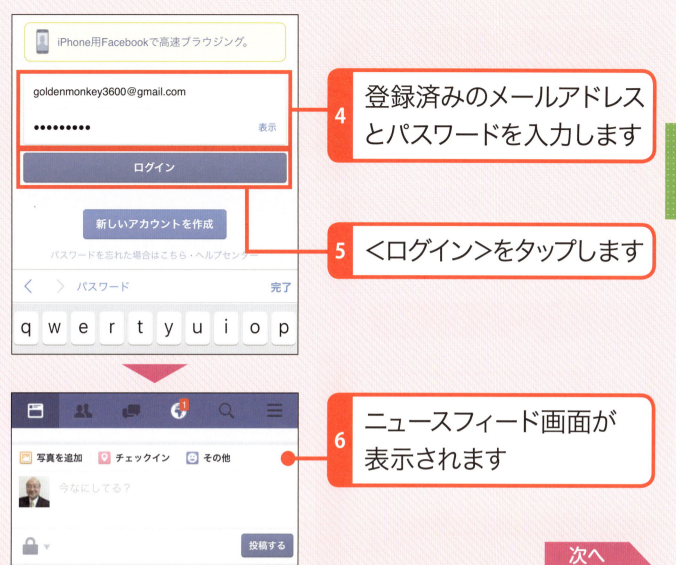

4 登録済みのメールアドレスとパスワードを入力します

5 <ログイン>をタップします

6 ニュースフィード画面が表示されます

次へ

> **Column** スマートフォン・タブレットで使用する場合の注意

iPhoneやAndroidのスマートフォン、iPadのようなタブレット端末のブラウザでフェイスブックを利用する場合、スマートフォン用とブラウザ用（PC用）では表示が異なる場合があります。ここでは、スマートフォン用で解説していますが、ブラウザ用（PC用）の表示になっている場合は、パソコンと同じように操作できます（機種によっては表示が異なる場合があります）。

写真付きの投稿をする

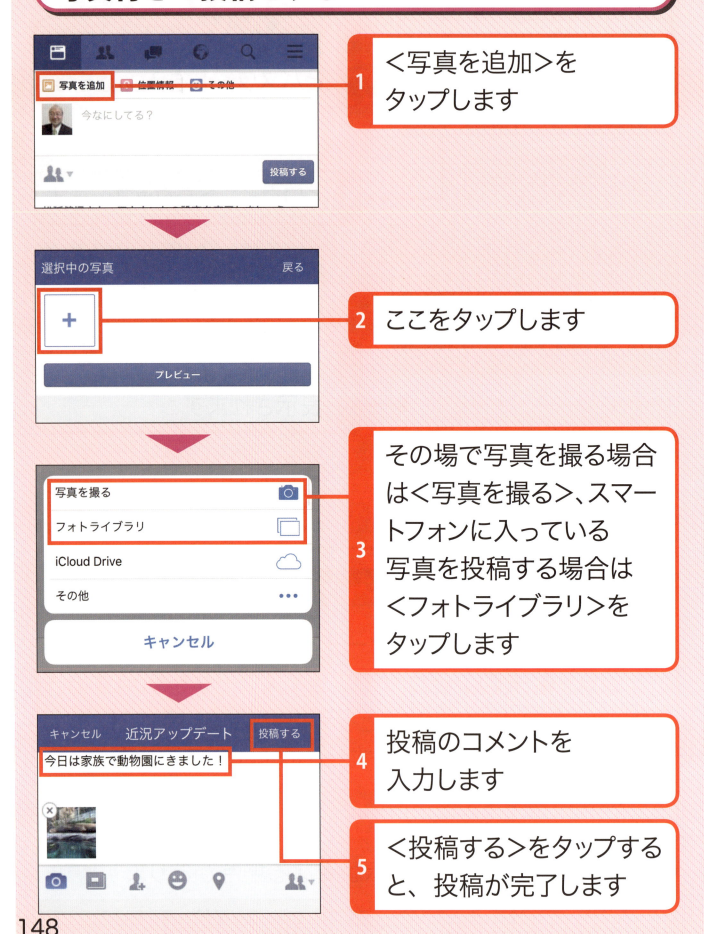

1. ＜写真を追加＞をタップします
2. ここをタップします
3. その場で写真を撮る場合は＜写真を撮る＞、スマートフォンに入っている写真を投稿する場合は＜フォトライブラリ＞をタップします
4. 投稿のコメントを入力します
5. ＜投稿する＞をタップすると、投稿が完了します

「いいね！」やコメントをする

1 「いいね！」やコメントをしたい投稿を表示します

2 ＜いいね！＞をタップすると、「いいね！」ができます

3 ＜コメントする＞をタップすると、コメントが入力できます

タイムライン画面を表示する

1 ≡をタップします

2 自分の名前をタップします

3 タイムライン画面が表示されました

■をタップするとニュースフィード画面に戻ります

おわり

付録 02 フェイスブックアプリを使う準備をしよう

●付録 スマホ・タブレットで利用しよう

フェイスブックは、専用アプリをダウンロードして、アクセスすることができます。専用アプリを使うメリットは表示が早いことです。ブラウザ表示と少し操作ボタンの位置が異なるので、慣れてから使うとよいでしょう。

iPhoneでアプリをインストールする

1 ホーム画面から＜App Store＞をタップします

2 画面下部の＜検索＞をタップします

3 検索スペースが表示されます

iPadでアプリをインストールする

iPadでアプリをインストールする際も、基本的な手順はiPhoneと変わりません。＜App Store＞をタップし、「Facebook」を検索、インストールします。iPadでは、App Storeの＜検索＞ボタンがないので、右上の検索スペースに直接入力して検索します。

Androidでアプリをインストールする

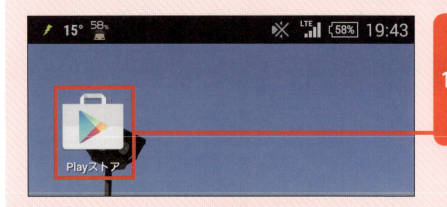

1 ホーム画面から＜Playストア＞をタップします

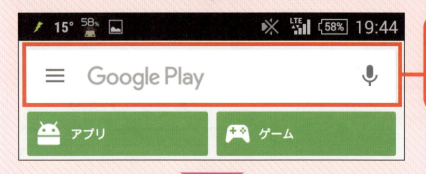

2 検索スペースをタップします

3 「フェイスブック」と入力し表示された＜Facebook＞をタップします

4 ＜インストール＞をタップします

5 ホーム画面に「Facebook」のアイコンが表示されたら完了です

フェイスブックのアプリでログインする

1 ホーム画面で＜Facebook＞をタップします

2 登録済みのメールアドレスとパスワードを入力して、＜ログイン＞をタップします

3 通知送信を許可する場合は＜OK＞をタップします

通知を許可すると、コメントや「いいね!」がついたときにiPhoneにお知らせがきます

おわり

付録 03

●付録 スマホ・タブレットで利用しよう

フェイスブックアプリを利用しよう

スマートフォンアプリでフェイスブックにアクセスすると、ブラウザ利用の場合に比べて、操作が速くなります。「いいね!」や「コメント」が付いたときには、スマートフォンに通知が届くので便利です。

ニュースフィード画面の構成

1 ＜今なにしてる?＞をタップして文章や写真を投稿します

2 下スクロールすると、友達の投稿を閲覧することができます

3 「いいね!」やメッセージ、友達申請などのお知らせは、ここに表示されます

Column iPadやAndroidでアプリを利用する

iPadやAndroidは、画面の大きさや表示に多少の違いはありますが、このページで説明されているiPhoneのアプリと基本操作は一緒です。

タイムライン画面を表示する

1 ≡ をタップします

2 自分の名前をタップします

3 タイムライン画面が表示されます。下にスクロールすると、過去の自分の投稿を閲覧することができます

■をタップするとニュースフィード画面に戻ります

次へ

写真付きの投稿をする

1 ＜写真＞をタップします

2 投稿したい写真を選択して＜完了＞をタップします

3 投稿のコメントを入力します

4 ＜投稿する＞をタップすると、投稿が完了します

「いいね！」をする

1 「いいね！」をする投稿を表示します

2 ＜いいね！＞をタップすると、「いいね！」ができます

3 ＜いいね！＞を長押しすると、5つの「いいね！」が選べます

コメントをする

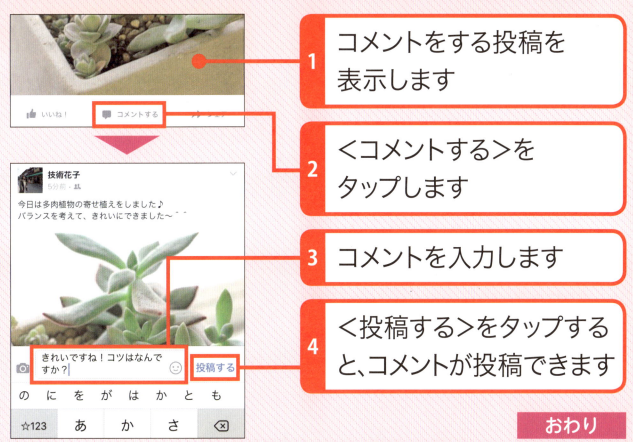

1 コメントをする投稿を表示します

2 ＜コメントする＞をタップします

3 コメントを入力します

4 ＜投稿する＞をタップすると、コメントが投稿できます

おわり

INDEX 索引

英字

Android ……………… 147, 152, 154
Facebook ……………………………… 4
Gmail …………………………………… 23
GPS …………………………………… 121
iPad ………………… 147, 151, 154
iPhone ……………… 146, 150, 154
Internet Explorer …………………… 28
Microsoft Edge ……………………… 28
SNS ……………………………………… 16

あ 行

アカウント …………………………… 30
アプリ ………………………………… 150
アルバム ……………………… 84, 128
いいね！ ………………… 19, 70, 72
位置情報 ……………………………… 118
イベント ………………………… 21, 102
インストール（アプリ） ………… 150
ウェブページ ……………………… 127
お気に入りリスト ………………… 51
お知らせアイコン ………………… 51
お知らせメール …………………… 46

か 行

カスタムプライバシーを設定 …… 143
カバー写真 …………………… 40, 53
基本データ ………………… 43, 44, 53
共有範囲 ……………………… 132, 136
グループ ………………………… 20, 94
グループを退会 …………………… 115
検索ボックス ………………… 56, 96
公開 …………………………… 32, 94, 132
交際関係・家族 ……………………… 43
コメント ……………………………… 74

さ 行

シェア ………………………………… 126
親しい友達 ………………………… 132
自分の名前 …………………………… 50
自分のみ …………………………… 132
写真 …………………………… 34, 53, 82
知り合いかも ………………………… 53
スポット機能 ……………………… 118
スマートフォン ………… 22, 118, 146

た 行

タイムライン	40, 52
タグ付け	112, 116, 138
タブレット	146
動画	82
投稿	78
投稿欄	51
登録	30
友達	53, 54, 132
友達申請	60
友達リクエスト	60
友達リクエストアイコン	51
友達を検索	56

な 行

なりすまし	65
ニュースフィード	39, 51

は 行

パスワード	24, 30, 144
フェイスブックページ	106
フォロー	55
プロフィール写真	34, 53
プロフィール情報	42, 44
ホーム	50

ま 行

メールアドレス	23, 140
メッセージ	19, 62
メッセージアイコン	51

ら 行

ライフイベント	122
リアルタイムフィード	51
連絡先情報	43
ログイン	29, 38

■ お問い合わせの例

FAX

1. お名前
   技術　太郎
2. 返信先の住所またはFAX番号
   03-XXXX-XXXX
3. 書名
   大きな字でわかりやすい
   Facebook フェイスブック超入門
4. 本書の該当ページ
   52ページ
5. ご使用のWindowsとブラウザーのバージョン
   Windows 10
   Microsoft Edge
6. ご質問内容
   手順2で「設定」が表示されない

大きな字でわかりやすい
Facebook フェイスブック超入門

2016年10月1日　初版　第1刷発行

著　者●松延健児
発行者●片岡　巌
発行所●株式会社　技術評論社
　　　東京都新宿区市谷左内町21-13
　　　電話　03-3513-6150　販売促進部
　　　　　　03-3513-6160　書籍編集部
カバーデザイン●山口秀昭（Studio Flavor）
カバーイラスト・本文デザイン●イラスト工房（株式会社アット）
　　　　　　　　　　　　中山　昭（絵仕事　界屋）
編集●ナイスク（http://naisg.com）
　　　松尾里央、石川守延、尾澤佑紀、飯島早紀
DTP●沖増岳二
担当●最上谷栄美子
製本／印刷●図書印刷株式会社

定価はカバーに表示してあります。

落丁・乱丁がございましたら、弊社販売促進部までお送りください。
交換いたします。
本書の一部または全部を著作権法の定める範囲を超え、無断で複写、複製、転載、テープ化、ファイルに落とすことを禁じます。

©2016　松延健児　and　NAISG Co.,Ltd.

ISBN978-4-7741-8284-1 C3055
Printed in Japan

著者プロフィール

松延健児（まつのぶ けんじ）
1961年　福岡県八女市生まれ。
株式会社エクサネット代表取締役、シニアや女性を中心とした多世代起業家コミュニティ「めびうすのWA」主宰、「新老人の会」本部世話人を務めるかたわら、「NPO法人プラチナ・ギルドの会」「NPO法人フォトカルチャー倶楽部」などでシニアのフェイスブック伝道師として活躍中。
慶應義塾大学経済学部在学中に仲間とマーケティング会社を設立し、大手メーカーのヒット商品の開発支援に携わる。2011年独立起業、「シニア」「起業支援」「コミュニティ」という事業領域で活動し、シニアのFB友達は1000名を超える。2012年「日野原重明のわくわくフェイスブックのすすめ（小学館101新書、日野原重明著）」に執筆協力。2014年に「大きな字でわかりやすいFacebook入門」を発刊し、本書は二冊目となる。

お問い合わせについて

本書に関するご質問については、本書に記載されている内容に関するもののみとさせていただきます。本書の内容と関係のないご質問につきましては、一切お答えできませんので、あらかじめご了承ください。また、電話でのご質問は受け付けておりませんので、必ずFAXか書面にて下記までお送りください。
なお、ご質問の際には、必ず以下の項目を明記していただきますようお願いいたします。

1. お名前
2. 返信先の住所またはFAX番号
3. 書名
   （大きな字でわかりやすい Facebook フェイスブック超入門）
4. 本書の該当ページ
5. ご使用Windowsとブラウザーのバージョン
6. ご質問内容

お送りいただいたご質問には、できる限り迅速にお答えできるよう努力いたしておりますが、場合によってはお答えするまでに時間がかかることがあります。また、回答の期日をご指定なさっても、ご希望にお応えできるとは限りません。あらかじめご了承くださいますよう、お願いいたします。
ご質問の際に記載いただいた個人情報はご質問の返答以外の目的には使用いたしません。また、返答後はすみやかに破棄させていただきます。

書面・FAXでの問い合わせ先

〒162-0846
東京都新宿区市谷左内町21-13
株式会社技術評論社　書籍編集部
「大きな字でわかりやすい Facebook フェイスブック超入門」質問係
FAX番号　03-3513-6167

Webでの問い合わせ先

http://gihyo.jp/book/2016/978-4-7741-8284-1
※Webブラウザーに上記のURLを入力します。書籍のWebページが表示されるので、下の［お問い合わせ］タブをクリックすると、専用のお問い合わせフォームが表示されます。